Rajesh Pedhekar
Ajay Shelorkar

Filmes espessos nano-estruturados de óxidos metálicos e condutividade eléctrica

Rajesh Pedhekar
Ajay Shelorkar

Filmes espessos nano-estruturados de óxidos metálicos e condutividade eléctrica

Filmes espessos de óxidos metálicos nano-estruturados e medição da condutividade eléctrica

ScienciaScripts

Imprint

Cover image: www.ingimage.com

This book is a translation from the original published under ISBN 978-620-8-22547-6.

Publisher:
Sciencia Scripts
is a trademark of
Dodo Books Indian Ocean Ltd. and OmniScriptum S.R.L publishing group

120 High Road, East Finchley, London, N2 9ED, United Kingdom
Str. Armeneasca 28/1, office 1, Chisinau MD-2012, Republic of Moldova, Europe
Printed at: see last page
ISBN: 978-620-8-32090-4

ÍNDICE

CAPÍTULO 1

INTRODUÇÃO

1.1 Nano-fase

Atualmente, existe um interesse mundial crescente pela investigação em "nanociência", que tenta criar e organizar objectos à escala nanométrica. Em resultado da crescente capacidade de montar e condensar artificialmente a matéria à escala nanométrica, cujas propriedades são frequentemente alteradas de forma dramática e o processamento de materiais de elevado desempenho para uma grande variedade de aplicações está a tornar-se possível. Os esforços contínuos neste domínio podem conduzir ao desenvolvimento de novos materiais com propriedades tecnologicamente importantes.

1.2 Propriedades únicas dos materiais nanocristalinos

As propriedades dos materiais nanocristalinos são muitas vezes superiores às dos materiais policristalinos convencionais. Apresentam maior resistência/dureza, maior difusividade, melhor ductilidade/dureza, densidade reduzida, módulo de elasticidade reduzido, maior/menor resistividade eléctrica, dependendo do material, maior calor específico, maior coeficiente de expansão térmica, menor condutividade térmica, propriedades magnéticas suaves superiores, etc., em comparação com os materiais convencionais. Estão também a ser investigados novos conceitos de nanocopósitos, com especial ênfase nos compósitos cerâmicos, para aumentar a sua resistência e tenacidade.

1.3 Propriedades dos materiais de óxido de zinco

O óxido de zinco é um semicondutor do tipo n e é um material importante devido à sua vasta gama de aplicações, tais como sensores de gás, piezoeléctricos, etc. O óxido de zinco (ZnO) é um dos primeiros materiais estudados como sensor de gás. Isto deve-se principalmente à elevada mobilidade dos electrões de condução no material, à boa estabilidade química e térmica em condições de funcionamento [1,2]. O ZnO apresenta propriedades eléctricas, ópticas, acústicas e químicas interessantes, que encontram amplas aplicações em dispositivos acústicos e ópticos de curto comprimento de onda [3,4].

O óxido de zinco em forma de película fina é um excelente condutor transparente e é amplamente utilizado como eléctrodos para células solares. O óxido de zinco possui propriedades tribológicas, que podem ser utilizadas como lubrificante a alta temperatura em motores a gás. O óxido de zinco na forma nanocristalina é mais importante, uma vez que apresenta propriedades melhoradas em comparação com o seu equivalente a granel. Também são importantes os nanocompósitos de ZnO com nanopartículas de outros materiais. As propriedades eléctricas CA e CC do ZnO dopado e não dopado são drasticamente diferentes.

Propriedades químicas

O óxido de zinco decompõe-se em vapor de zinco e oxigénio apenas a cerca de 1975 °C, o que reflecte a sua considerável estabilidade. O aquecimento com carbono converte o óxido em zinco.

$ZnO + C \rightarrow Zn + CO$

Ao ser aquecido com magnésio, o óxido de zinco sofre uma redução explosiva. Permanece branco quando exposto ao sulfureto de hidrogénio, onde se converte em sulfureto:

$ZnO + H_2S \rightarrow ZnS + H_2O$

O ZnO monocristalino é quase transparente.

1.4 Síntese de nanopartículas de ZnO por método hidrotérmico

Os semicondutores com dimensões na ordem dos nanómetros são importantes porque as suas propriedades eléctricas, ópticas e químicas podem ser ajustadas alterando o tamanho das partículas. As propriedades ópticas são de grande interesse para aplicações em optoelectrónica, energia fotovoltaica e deteção biológica. Foram desenvolvidos vários métodos de síntese química para preparar essas nanopartículas.

Nos últimos anos, foram desenvolvidos vários esforços para controlar o tamanho, as formas e as estruturas cristalinas de óxidos inorgânicos como o TiO_2, ZnO, SiO_2etc., para melhorar as propriedades opto-eléctricas. O ZnO é um semicondutor eletrónico e fotónico único e surgiu como um promissor candidato a semicondutor para biossensores [5], transístores de efeito de campo (FET) [6] e dispositivos electro-ópticos [7,8].

O método hidrotérmico é um método verdadeiramente a baixa temperatura para a preparação de materiais nanofásicos de diferentes tamanhos e formas. Estes métodos poupam energia e são benéficos para o ambiente porque as reacções ocorrem em condições de sistema fechado. Os materiais nanofásicos podem ser produzidos num processo descontínuo ou contínuo utilizando os métodos acima referidos. Materiais óxidos como a zircónia, a titânia e várias ferritas espinélio e metais como a Pt, Pd, Ag, Au, etc. de diferentes tamanhos e formas foram cristalizados no nosso laboratório utilizando o processo hidrotérmico.

O óxido de zinco (ZnO) é um material único com um intervalo de banda direta (3,37eV) e uma grande energia de ligação de excitões de 60 meV [9, 10]. Tem sido amplamente utilizado em emissões próximas do UV, sensores de gás, condutores transparentes e aplicações piezoeléctricas [3 - 7]. A maioria dos cristais de ZnO foi sintetizada pelo método tradicional de estado sólido a alta temperatura, que consome muita energia e é difícil de controlar as propriedades das partículas. As nanopartículas de ZnO [11-13] podem ser preparadas em grande escala e a baixo custo através de métodos simples baseados em soluções, como a precipitação química [8, 9], a síntese sol-gel [10] e a reação solvotérmica / hidrotérmica [11 - 13]. A técnica hidrotérmica é um método sintético alternativo promissor devido à baixa temperatura do processo e à grande facilidade de controlo do tamanho das partículas. O processo hidrotérmico tem várias vantagens em relação a outros processos de crescimento, tais como a utilização de equipamento simples, o crescimento sem catalisador, o baixo custo, a produção uniforme em grandes áreas, a proteção do ambiente e a menor perigosidade. As baixas temperaturas de reação tornam este método atrativo para a microeletrónica e a eletrónica de plástico [14]. Este método também foi utilizado com êxito para preparar ZnO em nanoescala e outros materiais luminescentes. As propriedades das partículas, como a morfologia e o tamanho, podem ser controladas através do processo hidrotérmico, ajustando a temperatura de reação, o tempo e a concentração dos precursores. O presente estudo centra-se na síntese hidrotérmica de nanopós de ZnO e na concentração dos precursores nas suas propriedades. A síntese hidrotérmica de pós de ZnO tem quatro vantagens: (1) é possível obter pós com dimensões nanométricas através deste método; (2) a reação é realizada em condições moderadas; (3) é possível obter pós com diferentes morfologias através do ajuste das condições de reação; e (4) os pós preparados têm propriedades diferentes das do material a granel [15-22].

1.5 Teoria da condutividade eléctrica DC

Condução eléctrica

Lei de Ohm: Quando um potencial elétrico V é aplicado através de um material, flui uma corrente de magnitude I. Na maioria dos metais, para valores baixos de V, a corrente é proporcional a V, de acordo com a lei de Ohm.

$$I = V/R$$

Onde, R= resistência eléctrica, R depende da resistividade intrínseca 'ρ' do material e da geometria,

$$\rho = R.A/L$$

Condutividade eléctrica: A condutividade eléctrica é o inverso da recetividade.

$$\sigma = 1/\rho$$

O campo elétrico no material é E=V/I, a lei de ohm pode ser expressa em termos de densidade de corrente

$$j = I/A$$

$$j = \sigma E.$$

A condutividade é uma das propriedades do material que varia mais amplamente de 10^7 mho/m para um bom isolante elétrico. Os semicondutores têm uma condutividade na gama de 10^6 a 10^4 mho/m.

Nos metais existem estados vazios imediatamente acima dos níveis de Fermi, onde os electrões podem ser promovidos. A energia de promoção é negligenciável, pelo que, a qualquer temperatura, os electrões podem ser encontrados na condução. Nos isoladores existe um grande intervalo de energia entre as bandas de valência e de condução, pelo que é necessária uma grande energia para promover um eletrão para a banda de condução. Esta energia pode provir do calor ou de radiações energéticas, com um comprimento de onda suficientemente pequeno.

Nos metais, os electrões podem atingir a banda de condução a uma temperatura normal, enquanto que nos isoladores não podem. A probabilidade de um eletrão atingir a banda de condução é de cerca de (-Eg/2KT), em que Eg é a energia de hiato e KT tem o seu significado habitual. Se esta probabilidade for, digamos, <10-24, não se encontrará um único eletrão na banda de condução num sólido de 1 centímetro cúbico. Isto requer Eg/2KT >55. À temperatura ambiente, 2KT =0,05eV; assim, Eg> 2,8 eV pode ser usado como condição para um isolante. Além de terem Eg relativamente pequeno, os semicondutores têm ligações covalentes, enquanto os isolantes têm ligações parcialmente iónicas.

1.6 A variação de temperatura da condutividade e da concentração de portadores

A temperatura faz com que os electrões sejam promovidos para a banda de condução e dos níveis doadores, ou os buracos para os níveis aceitadores. A dependência da condutividade com a temperatura é provavelmente outro processo ativado termicamente.

$$\sigma = A \text{ Exp. } (Eg/2KT)$$

Onde; A é uma constante.

O traçado de σ vs. 1/T produz uma linha reta de declive Eg/2K a partir da qual se pode determinar a energia do intervalo de banda. Os semicondutores extrínsecos têm, para além desta dependência, uma dependência devida à promoção térmica de electrões do nível dador ou de buracos dos níveis aceitadores. A dependência da temperatura é também exponencial, mas acaba por saturar a altas temperaturas, quando todos os dadores são esvaziados ou todos os aceitadores são preenchidos.

Isto significa que, a baixa temperatura, os semicondutores extrínsecos têm uma sensibilidade maior do que os semicondutores intrínsecos. A alta temperatura, tanto o nível de impurezas como o eletrão de valência são ionizados, mas como as impurezas são em número muito reduzido e se esgotam, o comportamento acaba por ser dominado pelo tipo de condutividade intrínseca.

1.7 Teoria da Condutividade AC

Quando um condensador é carregado sob uma tensão alternada ou um campo elétrico, há uma perda de corrente devido à resistência óhmica ou impedância por absorção de calor, processo de relaxamento de Debye, etc., devido à resistência de fricção.

Num condensador de película deste tipo, devido à natureza policristalina ou amorfa da película e também às condições de deposição, é de esperar que existam alguns defeitos, impurezas e imperfeições nos arranjos atómicos do campo dielétrico. A condutividade dependente da frequência é causada pelo salto de electrões nos estados localizados perto do nível de Fermi e também devido à excitação de portadores de carga para os estados nas bandas de condução. Se existirem alguns portadores de carga livres (devido ao impacto de impurezas, defeitos ou imperfeições nas películas), os seus movimentos de uma banda para outra banda ou dentro da banda através do processo de saltos dão origem à condutividade.

Webb e Brodie, com o objetivo de compreender a frequência, dependem da condutividade, sugeriram um sistema multicomponente de condutividade que conduz a uma relação,

$$\sigma_{Tot} = \sigma_{d.c.} + \sigma_{a.c} + \sigma_{relx}$$

Onde, σ d.c tem uma contribuição significativa à temperatura ambiente que muitas vezes mascara a contribuição do termo de salto dependente da frequência.

$\sigma_{a.c}$ é causada pela condução por saltos e σ_{relx} é a contribuição do mecanismo de saltos de Debye.

Nesta dissertação, discutimos o método hidrotérmico para a preparação de materiais nanofásicos de diferentes tamanhos e formas. a condutividade DC e a condutividade AC de uma película espessa de óxido de zinco puro e utilizando CuO como dopante. O ZnO, que não é tóxico e conduz a uma elevada mobilidade, é desejável para aplicações em dispositivos. Para medir a condutividade CC e a condutividade CA do óxido de zinco, utilizámos o vidro como substrato, sobre o qual a pasta de ZnO é uniformemente espalhada para produzir uma película espessa.

CAPÍTULO 2

UMA REVISÃO DA LITERATURA

2.1 O mundo emergente da ciência e tecnologia dos materiais

Os materiais sempre influenciaram o tecido básico da vida humana. Utilizando tecnologia nova e ultraprecisa, os investigadores estão a sondar mundos muito mais finos do que o reino submicroscópico dos vírus[23]. [23] Estão a espreitar o mundo dos átomos e a desvendar os segredos da sua interação. Utilizando uma tecnologia desenvolvida principalmente para lidar com as dimensões rapidamente decrescentes da microeletrónica, todos os químicos estão hoje a reorganizar moléculas e até átomos para criar novas substâncias.

Utilizando software de modelação que incorpora uma grande quantidade de conhecimentos do campo em expansão da investigação de materiais, é possível conceber substâncias inteiramente novas, átomo a átomo. Estas incluem supercondutores de cerâmica feitos à medida e plásticos e ligas de resistência ultra elevada. Os investigadores estão a fabricar "géis aerodinâmicos", frequentemente designados por "fumo congelado", silício arejado, para os melhores isoladores, cerâmicas suficientemente maleáveis para serem utilizadas em motores de automóveis ou de jactos e compósitos com "nervos" e "músculos" artificiais que lhes permitem reagir ao stress quase como um ser vivo o faria, os chamados "materiais inteligentes". [23] O resultado mais importante do atual trabalho de investigação em ciência dos materiais é a criação de uma classe de materiais inteiramente nova. Os materiais nanofásicos, frequentemente designados pelos sinónimos materiais nanoestruturados [24]. [24] Nos materiais nanofásicos, cada cristal tem menos de 100 nm, ou seja, é mais pequeno do que a maioria dos vírus.

2.2 História dos materiais nano-estruturados

Os materiais nanoestruturados tiveram a sua génese com o Big-Bang. A estrutura dos primeiros meteoritos sugere que a matéria é formada pela condensação de átomos em massas maiores sob a ação da gravidade [25, 26]. Muitos exemplos de nanoestruturas naturais podem também ser encontrados em sistemas biológicos, desde as conchas até ao corpo humano.

Em 1959, o físico laureado com o Prémio Nobel Richard Feynmann, numa palestra proferida na reunião anual da Sociedade Americana de Física, previu a criação de materiais com novas propriedades através da manipulação da matéria em pequena escala:

"Não tenho dúvidas de que, quando tivermos algum controlo sobre a disposição das coisas em pequena escala, obteremos uma gama enormemente maior de propriedades possíveis que as substâncias podem ter" e "há muito espaço no fundo". - Feynman

Com estas palavras-chave, o Comissário salientou que existe uma grande margem de manobra para a investigação de materiais a uma escala muito pequena. Por "pequena escala", referiu-se novamente às dimensões das partículas à escala nanométrica.

A formulação teórica do confinamento quântico de electrões por Royo Kubo, na Universidade de Tóquio, na década de 1960, contribuiu em grande medida para lançar o interesse na nanoestruturação da matéria condensada, embora as partículas ultrafinas já tivessem sido sintetizadas e utilizadas há muito tempo pelas suas propriedades. Também na década de 1960, RyoziUyeda e os seus colaboradores da Universidade de Nagoya utilizaram o microscópio eletrónico e a difração de electrões para determinar as morfologias e as estruturas cristalinas de partículas únicas de metais e compostos metálicos. Também fizeram avanços na produção de partículas ultrafinas relativamente limpas através da evaporação e condensação num gás inerte.

A síntese de materiais por consolidação de pequenas partículas foi sugerida pela primeira vez no início dos anos 80 na Universidade de Saarlandes, na Alemanha, e foi aplicada inicialmente a metais e depois a cerâmicas nanofásicas. Em 1981, foi lançado no Japão um projeto de cinco anos sobre partículas ultrafinas, conhecido como Exploratory Research for Advanced Technology (ERATO). Nos anos 90, assistiu-se a um interesse cada vez maior pelos materiais nanoestruturados. Durante este período, foram publicados na literatura científica mais de 5000 artigos que descrevem pormenorizadamente os desenvolvimentos da investigação neste domínio.

As propriedades das nanopartículas são tão marcadamente diferentes das do material a granel que alguns autores estão mesmo inclinados a classificá-las como um novo estado agregado da matéria. A evolução das propriedades estruturais, electrónicas e outras, à medida que os átomos de aglomerados e partículas progressivamente maiores conduzem a um sólido macroscópico, tem sido desde há muito um problema difícil para os físicos teóricos e do estado sólido. Muitas grandezas, como a temperatura, a tensão superficial, a área superficial e mesmo o volume, que são utilizadas na descrição de sistemas macroscópicos, tornam-se mal definidas à medida que o tamanho da partícula diminui [26 - 27].

2.3 Propriedades únicas das nanopartículas

Algumas das caraterísticas únicas das nanopartículas, que as identificam com o material a granel, são

1) Grande relação superfície/volume

2) Efeito de tamanho quântico:- A dependência das propriedades específicas das nanopartículas em relação à sua dimensão geométrica é designada por efeito de tamanho quântico. [28-30]

3) A estrutura dos defeitos:-Os materiais nanocristalinos contêm uma densidade de defeitos tão elevada que o espaçamento entre defeitos vizinhos se aproxima das distâncias interatómicas. Este aumento da densidade de defeitos pode desempenhar um papel importante nas propriedades eléctricas, ópticas e mecânicas dos materiais nanocristalinos.

4) Efeitos termodinâmicos de dimensão:- Uma classe importante de efeitos de dimensão envolve a dependência de algumas propriedades termodinâmicas intensivas da dimensão e forma da amostra.

2.4 Síntese de materiais nanocristalinos

Nas últimas duas décadas, foram desenvolvidos vários métodos inovadores para preparar materiais nanocristalinos. Foram desenvolvidas várias técnicas em que o material de partida pode estar no estado sólido, líquido ou gasoso. Estas incluem a condensação de gás inerte, a formação de ligas mecânicas, a solidificação rápida, o processamento de conversão por pulverização, a pulverização catódica, a eletroquímica, a precipitação presa, o processo sol-gel, a técnica de microemulsão, a moagem de bolas, o método hidrotérmico, o método solvotérmico, o processamento por plasma, a ablação por laser, o processo de permuta iónica, o desgaste por deslizamento, a erosão por faísca, a técnica de deformação por torção, etc.

No entanto, a chave para o futuro dos materiais nanoestruturados é a nossa capacidade de continuar a melhorar as propriedades dos materiais, estruturando-os artificialmente à escala nanométrica, e a nossa capacidade de desenvolver o método de produção destes materiais em quantidades comercialmente viáveis. Com base no que aprendemos hoje sobre a física mesoscópica e nos êxitos obtidos com a entrada de dispositivos nanoestruturados na indústria, parece que o futuro é muito promissor para os materiais nanoestruturados. Existem numerosos métodos de síntese de materiais nanofásicos. Estes métodos podem ser classificados em termos gerais em: a) métodos a baixa temperatura e b) métodos a alta temperatura. Entre as técnicas de baixa temperatura, os métodos de precipitação química, de atrito mecânico e de replicação têm sido amplamente utilizados. Os métodos de precipitação química incluem a precipitação de soluções desde a temperatura ambiente até 100°C, a síntese hidrotérmica (> 100°C), o método micelar inverso, a síntese sol-gel [30-33], etc. Estes métodos são idealmente estudados para um controlo preciso do tamanho e da forma do material em nanofases. Além disso, são mais ecológicos porque as reacções são realizadas em sistemas fechados a baixas temperaturas e mais baratos porque consomem menos energia. O principal inconveniente das técnicas de precipitação é a contaminação química em geral. A atrição mecânica com moagem de bolas de alta energia é também frequentemente utilizada para preparar metais, ligas e óxidos nanofásicos. Apresenta duas desvantagens principais: (a) a contaminação do equipamento utilizado e (b) o controlo do tamanho e da forma das partículas é difícil.

Os métodos de alta temperatura incluem (a) condensação de gás (b) explosão de fio e (c) termólise de aerossol líquido. No método de condensação de gás, o metal é volatilizado numa atmosfera inerte ou num gás reativo para produzir metais ou óxidos nanofásicos, respetivamente. No método de explosão do fio, o fio metálico é fundido ou vaporizado de forma explosiva por aplicação de uma corrente pulsada. A termólise de aerossóis líquidos envolve a decomposição de soluções aerossolizadas a altas temperaturas.

Entre os métodos de baixa temperatura, o método hidrotérmico é muito versátil para a síntese de materiais nanofásicos e está bem estabelecido. Embora as reacções de síntese possam ser realizadas numa gama de temperaturas de 100°C a 1000°C ou mais e numa gama de pressões de 1 atmosfera a vários milhares de atmosferas, a maior parte das experiências hidrotérmicas são realizadas abaixo da temperatura supercrítica da água, ou seja, 374°C. As reacções podem ser realizadas em água ou em qualquer outro solvente. Quando a água é utilizada como solvente, o processo é designado por "processo hidrotérmico". Os óxidos nanofásicos podem ser sintetizados pelo processo hidrotérmico e as principais vantagens do método hidrotérmico são [34] (a) a cinética da reação aumenta consideravelmente com um pequeno aumento da temperatura, (b) podem formar-se novos produtos metaestáveis, (c) geralmente são obtidos cristais simples, (d) podem ser obtidos produtos de elevada pureza a partir de matérias-primas impuras, (e) não são necessários precipitantes em muitos casos e, por conseguinte, o processo é económico, (f) a poluição é minimizada devido às condições do sistema fechado e os reagentes podem ser reciclados. O foco do trabalho é a síntese de óxido de zinco nanofásico usando o processo hidrotérmico convencional.

Uma vez que o mecanismo de deteção do sensor semicondutor se baseia na reação superficial do óxido semicondutor. A estrutura é um dos factores que mais influenciam a elevada sensibilidade. É sabido que os sensores que contêm partículas mais pequenas apresentam uma sensibilidade elevada [35]. O óxido de zinco é um dos óxidos metálicos mais estudados devido às suas propriedades únicas e caraterísticas importantes, como o baixo custo, a fácil disponibilidade e a vasta gama de aplicações. Vários investigadores estudaram este óxido de zinco quer individualmente quer em conjunto com algum dopante.

2.5 Estudos de condutividade AC em óxido de zinco com diferentes dopantes

As respostas das pastilhas de ZnO para medições de corrente alternada (impedância, capacitância e ângulo de fase) na gama de temperaturas 300 - 435 K. A condutividade CA das pastilhas de ZnO é proporcional a ω^s , onde ω é a frequência angular e o expoente s é um parâmetro dependente da temperatura e da frequência. Com base nas teorias existentes sobre a condução ac, concluiu-se que, para a região de baixa frequência (20 Hz -2 kHz), o mecanismo de condução dominante nas pastilhas de ZnO é o multihopping a todas as temperaturas, enquanto que para a região de alta frequência (500 kHz -2 MHz), o modelo de tunelamento de pequenos polarões é o mecanismo de condução nas pastilhas. As energias de ativação para os processos de condução CA são estimadas na gama de 0,028-0,277 eV, que varia com a frequência do sinal CA. Estes resultados são consistentes com o modelo de saltos. Verificou-se que a capacitância CA e a tangente de perda dieléctrica dependem tanto da frequência como da temperatura. Estas dependências foram explicadas tendo em conta o modelo de circuito equivalente que inclui um elemento capacitivo independente da frequência em paralelo com um elemento resistivo dependente da temperatura, ambos em série com uma resistência de baixo valor. Os estudos de espetroscopia de impedância mostram arcos semicirculares simples nos espectros de impedância complexos a todas as temperaturas na gama de 300 - 435 K, com os seus centros situados abaixo do eixo real num determinado ângulo de depressão, indicando comportamentos de multi-relaxamento nas pastilhas [35, 36].

A dependência da temperatura da condutividade das películas finas de ZnO dopadas com Ga-em atmosferas húmidas e secas. A condutividade aumenta inicialmente até ao máximo (intervalo 1) e depois diminui até ao mínimo (intervalo 2) e volta a aumentar (intervalo 3) na fase de aquecimento em atmosfera de ar húmido. O arrefecimento subsequente reduz a condutividade para um valor inferior ao do aquecimento. A extensão da redução torna-se grande à medida que a taxa de arrefecimento aumenta. O carácter extremo das curvas de condutividade versus temperatura não desaparece sob atmosfera de azoto gasoso, desde que esta seja húmida. Por outro lado, a condutividade nas gamas 1 e 2 diminui tão significativamente que o carácter extremo desaparece no ar mais seco possível. Estes comportamentos explicam-se supondo que os estados dissociativamente quimisorvidos do vapor de água actuam como dadores de electrões e são dessorvidos a uma temperatura mais elevada, e que a decoração, bem como as quimisorções, requerem um certo tempo para atingir o equilíbrio. Com este objetivo em vista, é feita uma análise teórica de películas semicondutoras mais finas do que a espessura da camada limite de depleção e são obtidas curvas numéricas que se ajustam aos resultados experimentais. O calor de quimisorção da água não ionizada $q°$ é de 1,35 eV e os níveis de energia dos dadores de quimisorção de água e dos aceitadores de quimisorção de oxigénio situam-se a 0,66 e 0,59 eV abaixo do limite da banda de condução, respetivamente. [37-41]"

2.6 Estudos de condutividade DC em óxido de zinco com diferentes dopantes

O estudo experimental da dependência da temperatura da condutividade dc σ em função da temperatura T na gama de 80-360 K em películas nanocristalinas de ZnO:Al (Al3+ 2%) de 500 nm de espessura que foram preparadas em lâminas de microscópio de vidro por um método de imersão. A condutividade eléctrica σ, à temperatura ambiente, variou entre 0,1 e 2,7 S/cm, aumentando quase linearmente com T para todas as amostras. As medições do coeficiente Hall à temperatura ambiente e num campo magnético de 1,2 T, deram R_H = 0,53 $cm^3\ C^{-1}$a partir do qual se obtém uma concentração de portadores de n=1,18×10^{19} cm^{-3} e uma mobilidade de portadores de μ=1.40 cm^2/Vs foram deduzidos". O efeito dos campos eléctricos externos nas quimisorções de oxigénio no óxido de zinco. A quimisorção ocorre por um mecanismo de transferência de electrões e a dessorção deve-se à migração de buracos para a superfície do ZnO. O processo de adsorção - deadsorção pode ser controlado pela aplicação de campos eléctricos externos [41-45].

2.7 Âmbito do presente estudo

O presente trabalho consiste na síntese, caraterização e investigação sistemática das propriedades eléctricas da nanofaseZnO e dos seus nanocompósitos com outras nanopartículas de CuO. Estes materiais foram selecionados para o presente estudo tendo em conta a sua importância tecnológica. O tamanho e a cristalinidade das nanopartículas foram determinados por difração de raios X. As propriedades eléctricas ac e dc do nano- ZnO e dos nanocompósitosZnO - CuO foram analisadas em detalhe.

A utilização de dopante no óxido de zinco pelo método de imersão é um novo conceito e é interessante estudar o efeito das concentrações de dopante e do intervalo de tempo de imersão nas propriedades eléctricas das películas espessas de óxido de zinco.

CAPÍTULO 3

TÉCNICA EXPERIMENTAL

3.1 Síntese e caraterização da amostra nanofásica

3.1.1 Introdução

Foram desenvolvidos vários métodos inovadores para preparar materiais nanocristalinos. De entre estes, no presente estudo, utilizámos uma técnica simples para a síntese de materiais nanocristalinos.

3.1.2 Preparação de materiais nanofásicos (Nano- ZnO) para o presente estudo

Todos os produtos químicos de grau analítico, Sd fine chem. Limited, Mumbai, foram utilizados sem qualquer outra purificação. A síntese das nanopartículas de ZnO foi realizada de acordo com uma via de reação hidrotérmica. O fabrico foi efectuado de acordo com o seguinte procedimento: 1g de $Zn(AC)_2$ foi dissolvido em 110 ml de água desionizada (DI) por 30 minutos de agitação. Subsequentemente, 10 ml de solução aquosa de NaOH 2M foram introduzidos na solução aquosa acima referida, resultando num pH de 12,5. A fim de sintetizar uma amostra pelo processo hidrotérmico, a solução foi então transferida para autoclaves de aço inoxidável revestidas a Teflon, seladas e mantidas a 160^0 C durante 18 h. sob pressão autogénea. Em seguida, deixou-se arrefecer naturalmente até à temperatura ambiente. Após o processo hidrotérmico, o produto sólido branco resultante foi centrifugado, lavado com água desionizada e etanol para remover os iões possivelmente remanescentes nos produtos finais e, finalmente, seco a 60^0 C ao ar, o precipitado branco foi recolhido e mantido para posterior caraterização.

O mesmo procedimento é utilizado para a preparação da outra amostra, alterando o peso de $Zn(AC)_2$ em 2g, 4g e 6g.

3.2 Caracterização da amostra preparada

3.2.1 Difração de raios X

A difração de raios X foi utilizada para a determinação da estrutura e do tamanho das nanopartículas. Para a análise das amostras no presente estudo, foi utilizado um difratómetro de pó de raios X, Rigaku D/MAX-B, EUA.

O tamanho médio do grão (d) da amostra nanoestruturada de ZnO foi calculado utilizando a equação de Scherrer

$$d= K\lambda \cos \theta \ / \ (\beta^2 - \beta_{0^2})^{1/2}$$

em que β é o alargamento medido de um pico de linha de difusão, largura total a metade da sua intensidade máxima em radianos, β_0 - o alargamento instrumental, K = 180/π, λ é o comprimento de onda dos raios X e θ é o ângulo de difração de Bragg.

3.2.2 Microscópio eletrónico de varrimento

As imagens do microscópio eletrónico de varrimento são populares em muitos campos da ciência e da engenharia de materiais, porque a visão que proporcionam do mundo microscópico é frequentemente muito semelhante à visão que os nossos olhos proporcionam dos objectos macroscópicos. Atualmente, com todos os seus poderosos acessórios, o MEV tornou-se uma instalação essencial para qualquer instituto académico ou indústria.

3.3 Preparação da película espessa

3.3.1 Materiais

Nano ZnO obtido por processo hidrotérmico foi utilizado para a preparação da película espessa. Etilcelulose e Turpineol são utilizados como ligantes.

3.3.2 Preparação da pasta tixotrópica

O pó da amostra foi utilizado para preparar a pasta tixotrópica, o pó de ZnO foi misturado mecanicamente com etilcelulose e Turpineol (aglutinantes temporários). Durante a preparação da pasta, o rácio de materiais inorgânicos e orgânicos foi mantido em 75:25 % em peso. Verificou-se que este rácio específico para a formulação da pasta era de natureza tixotrópica e proporcionava uma boa definição das linhas das impressões.

3.3.3 Preparação da película

A pasta tixotrópica preparada foi utilizada para preparar películas espessas de ZnO em substrato de vidro, utilizando o método de impressão serigráfica. A dimensão dos substratos foi mantida em aproximadamente 24 mm x 20 mm.

As películas preparadas foram aquecidas a 500^0 C durante meia hora para remover o aglutinante. Esta queima a alta temperatura também amadurece os elementos de película espessa e liga-os integralmente aos substratos.

3.3.4 Filmes espessos modificados com CuO

As películas espessas modificadas com CuO foram obtidas por imersão de películas espessas puras numa solução aquosa 0,01M de cloreto de cobre ($CuCl_2$) durante intervalos de tempo de 5 min, 10 min e 15 min. Para cada imersão, foi utilizada uma solução nova. Estas películas foram secas ao ar durante meia hora e as películas espessas activadas à superfície foram mantidas em mufla a 500^0C durante 45 minutos. Devido a este processo, o $CuCl_2$ foi oxidado em CuO. Estas películas activadas à superfície são designadas por películas espessas de ZnO modificado com CuO.

Foram feitos contactos de prata em películas espessas para medições eléctricas. A espessura dos eléctrodos de prata foi mantida aproximadamente na gama de 15-20 µm. Para evitar danificar as películas, os eléctrodos foram cobertos por uma folha de alumínio.

3.4 Para medição da condutividade DC

3.4.1 Medições das caraterísticas I -V

A condutividade eléctrica DC das películas espessas foi medida com a ajuda de um aparelho de condutividade DC desenvolvido no nosso laboratório. A instalação de condutividade DC consiste num kit de ligação, num pico-amperímetro e numa fonte de alimentação constante.

A variação da corrente com a tensão nos dois eléctrodos das películas foi medida à temperatura ambiente. Durante esta medição, a tensão aplicada foi aumentada passo a passo de 25 para 250V com um intervalo de 25V.

3.4.2 Variação da corrente com a temperatura

A uma tensão constante, foi estudada a variação da corrente das películas espessas com a temperatura. A temperatura da amostra foi variada de 25^0C para 225^0 C com um intervalo de 25^0C, mantendo a película espessa num forno elétrico.

3.5 Medição da condutividade AC

A condutividade eléctrica AC das películas espessas foi medida utilizando o medidor Agilent 4284A LRC. A variação da condutividade eléctrica com a frequência foi observada na gama de frequências de 100 a 1 MHz à temperatura ambiente.

3.6 Equipamentos

3.6.1 Forno elétrico

O forno utilizado foi fornecido pela Tempo Equipment Pvt. Ltd, Mumbai. É constituído por uma câmara de parede dupla (eletricamente blindada) e o controlo da temperatura é efectuado através de um termóstato bimetálico. A temperatura pode ser obtida selecionando a posição adequada dos 3 interruptores térmicos e as posições dos botões termostáticos foram calibradas em relação à temperatura desejada no presente estudo, podendo a temperatura ser lida com um termómetro digital. O limite máximo de temperatura deste forno é de 240^0C.

3.6.2 Alimentação eléctrica

Foi utilizada uma fonte de alimentação constante estabilizada fornecida pela Scientific Equipments, Roorkee. Tem uma gama de tensão contínua de 0-800 V e tem a possibilidade de inverter a polaridade da tensão. O voltímetro fornecido no painel frontal lê a tensão com uma precisão de ± 1V.

3.6.3 Amperímetro de pico

Para medir a corrente, foi utilizado um amperímetro digital, DPM III, fornecido pela Scientific Equipments, Roorkee. Trata-se de um equipamento polivalente muito versátil para a medição de correntes contínuas baixas. O instrumento utiliza uma entrada FET de precisão bem concebida, um amplificador operacional de eletrómetro ADP 15, e a corrente de saída é medida num painel de dígitos. É capaz de aceitar qualquer polaridade das correntes de entrada. As fontes de alimentação bem reguladas estão incorporadas para utilizar o instrumento até 10% de variação da tensão CA. Pode medir a corrente de 1 pA a 1999×10^5pA.

3.6.4 Medidor de LCR Agilent 4284A

Foi utilizado o medidor LCR Agilent 4284A fornecido pela Agilent Technologies Japan. Alguns pontos importantes do medidor LCR Agilent 4284A são os seguintes

- 20 Hz a 1 MHz
- 0,05% de precisão básica
- ± 40 V de tensão de polarização CC interna.
- Parâmetros de medição Z, Y, θR, G, B, C, L, D e Q.

3.7 Propriedades físicas e químicas dos produtos químicos usados

3.7.1 $Zn(AC)_2$ Puro (99,9%)

Peso molecular =219,50g/mol

Sd fine Chem. Limited Mumbai

Propriedades físicas:

1) Pó branco ou acinzentado.
2) Inodoro, sabor amargo.
3) Absorve CO_2 do ar.
4) Solúvel em ácidos e álcalis.
5) Insolúvel em água e álcool.
6) Não combustível.

3.7.2Turpineol [Terebintina (Goma)]

Propriedades físicas:

1) Líquido pegajoso, viscoso e balsâmico.
2) Odor a pinho,
3) Solúvel em álcool.
4) Combustível.

3.7.3 Cloreto de cobre (cloreto cúprico)

Massa molecular = 134,59 gm/mole.

Propriedades físicas

1) Pó amarelo-acastanhado, higroscópico
2) Cristais verdes, deliquescentes, solúveis em água e em álcool
3) Ponto de fusão 620^0 C decompõe-se a 993^0C em Cloreto Cupreoso

CAPÍTULO 4
RESULTADOS E DEBATE

4.1 Relações entre o soluto e o rendimento de ZnO

O rendimento das nanopartículas de ZnO obtidas por processo hidrotérmico, variando o peso de $Zn(AC)_2$ é apresentado no gráfico.

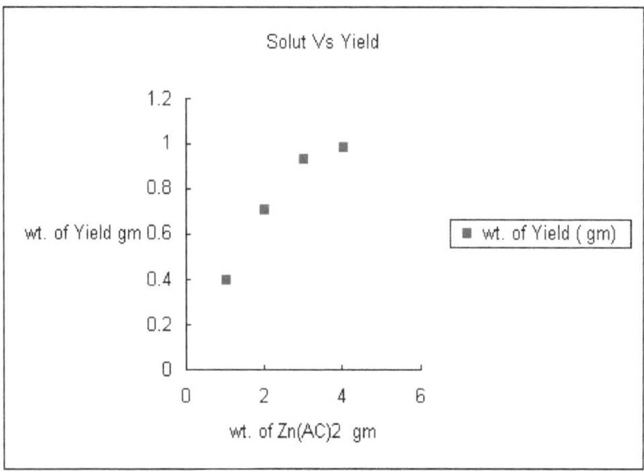

Fig 4.1: Gráfico entre o peso de $Zn(AC)_2$ Vs Rendimento

À medida que o peso de $Zn(AC)_2$ na reação hidrotérmica, verifica-se que o rendimento das nanopartículas de ZnO também aumenta linearmente até 4 g de peso de $Zn(AC)_2$ depois, aumentando ainda mais o peso de $Zn(AC)_2$ o rendimento das nanopartículas de ZnO mantém-se constante, como mostra a fig. 4.1

4.2. Análise XRD

A difração de raios X foi utilizada para a determinação da estrutura e do tamanho das nanopartículas. Para a análise das amostras no presente estudo, foi utilizado um difratómetro de raios X em pó, Rigaku D/MAX-B, EUA. Os padrões de difração do nano-ZnO são apresentados na figura 4.2.

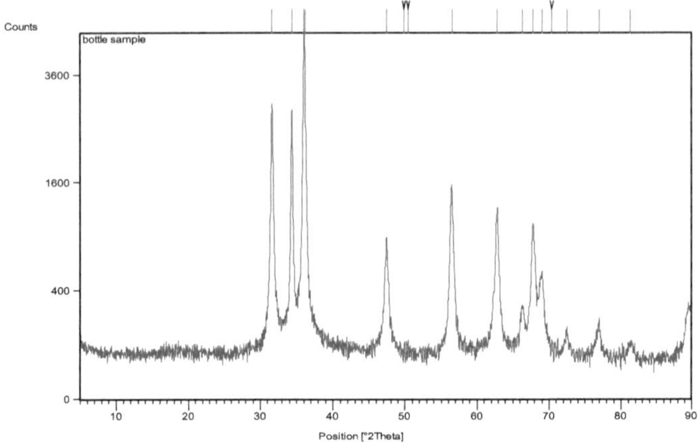

Fig. 4.2: Padrão de difração de raios X das nanopartículas de ZnO

Lista de picos:

Pos. [°2Th.]	Altura [cts]	FWHM [°2Th.]	Espaçamento d [Å]	Rel. Int. [%]
31.6223	2728.88	0.3840	2.82712	66.36
34.3985	2649.00	0.3360	2.60504	64.42
36.0206	4112.00	0.1920	2.49136	100.00
36.1980	3933.00	0.0960	2.47956	95.65
47.4226	802.00	0.1920	1.91555	19.50
49.8936	33.00	0.1440	1.82632	0.80
50.4160	39.00	0.1440	1.80861	0.95
56.5438	1322.00	0.4320	1.62628	32.15
62.8528	1137.00	0.4320	1.47736	27.65
66.3770	184.00	0.5760	1.40721	4.47
67.7991	943.00	0.4800	1.38111	22.93

69.0011	476.00	0.2880	1.35996	11.58
70.3965	40.00	0.2400	1.33638	0.97
72.5246	95.00	0.3360	1.30232	2.31
76.9642	156.00	0.2880	1.23789	3.79
81.2351	34.00	0.7680	1.18324	0.83

4.3 Microscópio eletrónico de varrimento

As imagens do Microscópio Eletrónico de Varrimento com diferentes ampliações das nanopartículas de ZnO sintetizadas são apresentadas na fig.4.3

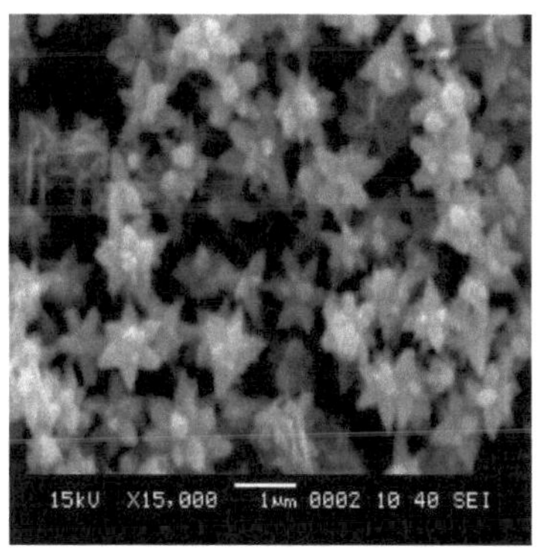

Fig. 4.3: Imagens SEM do nanoZnO preparado por processo hidrotérmico.

4.4 Medição da espessura

A espessura das películas foi medida utilizando o método de medição de peso simples. A espessura das películas foi observada no intervalo de 30-35µm. A reprodutibilidade da espessura foi conseguida mantendo a reologia e a tixotropia adequadas da pasta.

4.5 Medição da condutividade eléctrica

A condutividade eléctrica DC de todas as películas espessas foi medida utilizando a configuração de condutividade DC. Foram estudadas as caraterísticas V-I de todas as películas.

As tabelas 1, 2, 3 e 4 mostram a variação da corrente com a tensão aplicada nas películas espessas de ZnO, ZnO modificado com CuO (5 min), ZnO modificado com CuO (10 min) e ZnO modificado com CuO (15 min), respetivamente.

As Fig. 1, 2, 3 e 4 representam as caraterísticas V-I das películas espessas de ZnO, ZnO modificado com CuO (5 min), ZnO modificado com CuO (10 min) e ZnO modificado com CuO (15 min), respetivamente. A partir da figura, observa-se que, com o aumento da tensão, a corrente aumenta linearmente para todas as películas espessas.

Quadro 1

Variação da corrente com a tensão aplicada através da película espessa de ZnO

Temperatura ***=296.2K***

Área de superfície (A) da película=6,089 cm^2

N.º Sr.	Tensão(V)	Corrente(I)A
1	25	8.73E-10
2	50	1.51E-09
3	75	2.45E-09
4	100	2.88E-09
5	125	3.79E-09
6	150	4.56E-09
7	175	5.68E-09

8	200	6.87E-09
9	225	7.72E-09
10	250	8.12E-09

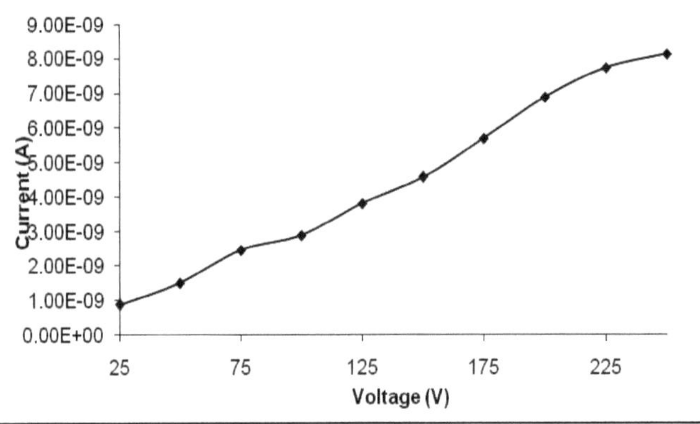

Fig. 1

Quadro 2

Variação da corrente com a tensão aplicada através da película espessa de ZnO modificado com CuO (5 min)

Temperatura =293.2K

Área de superfície (A) da película =6.088 cm^2

N.º Sr.	Tensão(V)	Corrente(I)A
1	25	3.15E-10

2	50	5.92E-10
3	75	1.03E-09
4	100	1.40E-09
5	125	1.80E-09
6	150	2.18E-09
7	175	2.59E-09
8	200	2.95E-09
9	225	3.30E-09
10	250	3.70E-09

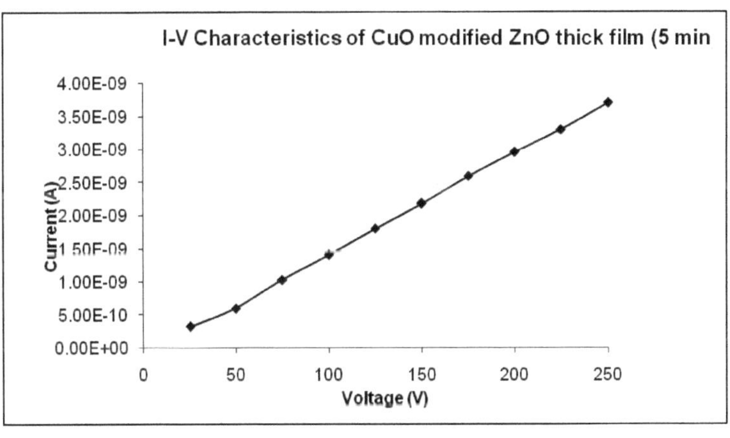

Fig. 2

Quadro 3

Variação da corrente com a tensão aplicada através da película espessa de ZnO modificado com CuO (10 min)

Temperatura = 295K

Área(A) = 5,53 cm^2

Sr.No.	Tensão(V)	Corrente(I)A
1	25	2.07E-10
2	50	7.00E-10
3	75	9.80E-10
4	100	1.34E-09
5	125	1.72E-09
6	150	2.30E-09
7	175	2.58E-09
8	200	3.31E-09
9	225	3.48E-09
10	250	3.68E-09

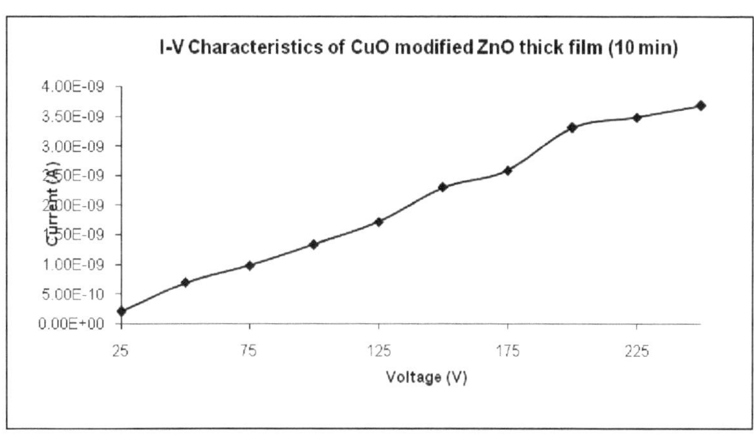

Fig. 3

Quadro 4

Variação da corrente com a tensão aplicada através da película espessa de ZnO modificado com CuO (15 min)

Temperatura = 296K

Área(A) = 5,53 cm^2

Sr.No.	Tensão(V)	Corrente(I)A
1	25	7.61E-10
2	50	1.46E-09
3	75	2.13E-09
4	100	2.72E-09
5	125	3.53E-09
6	150	4.33E-09

7	175	5.16E-09
8	200	6.03E-09
9	225	6.82E-09
10	250	7.70E-09

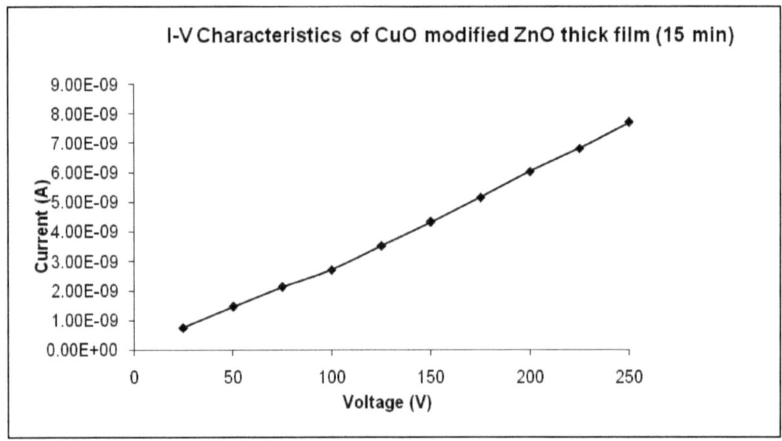

Fig. 4

4.5.1 Condutividade eléctrica DC

A variação da condutividade dc com a temperatura de todas as películas espessas foi medida na gama de temperaturas de 250C a 2250C, utilizando a configuração de condutividade dc.

As tabelas 5, 6, 7 e 8 mostram a variação da condutividade dc com a temperatura das películas espessas de ZnO, ZnO modificado com CuO (5 min), ZnO modificado com CuO (10 min) e ZnO modificado com CuO (15 min), respetivamente.

As figuras 5, 6, 7 e 8 mostram a variação de lnσ com a temperatura das películas espessas de ZnO, ZnO modificado com CuO (5 min), ZnO modificado com CuO (10 min) e ZnO modificado com CuO (15 min), respetivamente.

Quadro 5

Variação da condutividade eléctrica com a temperatura da película espessa de ZnO

Tensão constante = 25 V

N.º Sr.	Temp. (T) K	Atual (I)A	Tensão (V)	R=V/I (Ω)	ρ =R*A/d (Ω cm)	σ =1/ ρ (1/ Ω cm)	1000/T (K^{-1})	Em σ
1	298	8.73E-10	25	2.86E+10	4.98E+12	2.01E-13	3.3557047	-29.236852
2	323	1.86E-09	25	1.34E+10	2.34E+12	4.28E-13	3.09597523	-28.480456
3	373	3.32E-09	25	7.53E+09	1.31E+12	7.63E-13	2.68096515	-27.901068
4	423	4.78E-09	25	5.23E+09	9.10E+11	1.10E-12	2.36406619	-27.536592
5	473	1.03E-08	25	2.43E+09	4.22E+11	2.37E-12	2.1141649	-26.768889
6	523	3.75E-08	25	6.67E+08	1.16E+11	8.62E-12	1.91204589	-25.476692
7	573	1.08E-07	25	2.31E+08	4.03E+10	2.48E-11	1.7452007	-24.418902
8	623	2.30E-07	25	1.09E+08	1.89E+10	5.29E-11	1.60513644	-23.662953

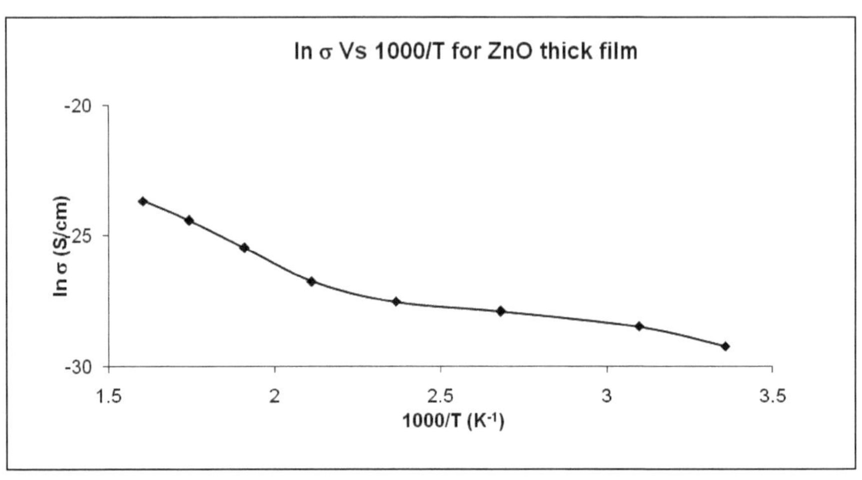

Fig. 5

Quadro 6

Variação da condutividade eléctrica com a temperatura da película espessa de ZnO modificado com CuO (5 min)

Tensão constante = 25 V

N.º Sr.	Temp. (T) K	Atual (I)A	Tensão (V)	R=V/I (Ω)	ρ =R*A/d (Ω cm)	σ =1/ ρ (1/ Ω cm)	1000/T (K^{-1}))	Em σ
1	298	3.15E-10	25	7.94E+10	1.38E+13	7.24E-14	3.3557047	-30.2561
2	323	3.60E-10	25	6.94E+10	1.21E+13	8.28E-14	3.09597523	-30.1225
3	373	6.78E-10	25	3.69E+10	6.41E+12	1.56E-13	2.68096515	-29.4895
4	423	1.51E-09	25	1.66E+10	2.88E+12	3.47E-13	2.36406619	-28.6888
5	473	3.32E-09	25	7.53E+09	1.31E+12	7.63E-13	2.1141649	-27.9009
6	523	8.20E-09	25	3.05E+09	5.30E+11	1.89E-12	1.91204589	-26.9967
7	573	2.43E-08	25	1.03E+09	1.79E+11	5.59E-12	1.7452007	-25.9104
8	623	8.47E-08	25	2.95E+08	5.13E+10	1.95E-11	1.60513644	-24.6618

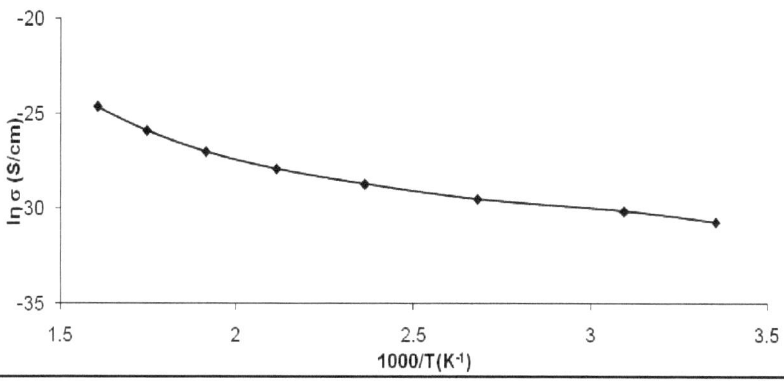

Fig. 6

Quadro 7

Variação da condutividade eléctrica com a temperatura da película espessa de ZnO modificada com CuO (10 min)

Tensão constante = 25 V

N.º Sr.	Temp. (T) K	Atual (I)A	Tensão (V)	R=V/I (Ω)	ρ =R*A/d (Ω cm)	σ =1/ ρ (1/ Ω cm)	1000/T (K^{-1})	Em σ
1	298	3.40E-09	25	7.35E+09	1.16E+12	8.61E-13	3.3557047	-27.780961
2	323	4.55E-09	25	5.49E+09	8.68E+11	1.15E-12	3.0959752	-27.489609
3	373	4.65E-09	25	5.38E+09	8.49E+11	1.18E-12	2.6809651	-27.467869
4	423	4.82E-09	25	5.19E+09	8.20E+11	1.22E-12	2.3640662	-27.431963
5	473	5.08E-09	25	4.92E+09	7.78E+11	1.29E-12	2.1141649	-27.379425
6	523	9.14E-09	25	2.74E+09	4.32E+11	2.31E-12	1.9120459	-26.792076
7	573	3.02E-08	25	8.28E+08	1.31E+11	7.65E-12	1.7452007	-25.596895
8	623	1.15E-07	25	2.17E+08	3.43E+10	2.91E-11	1.6051364	-24.259805

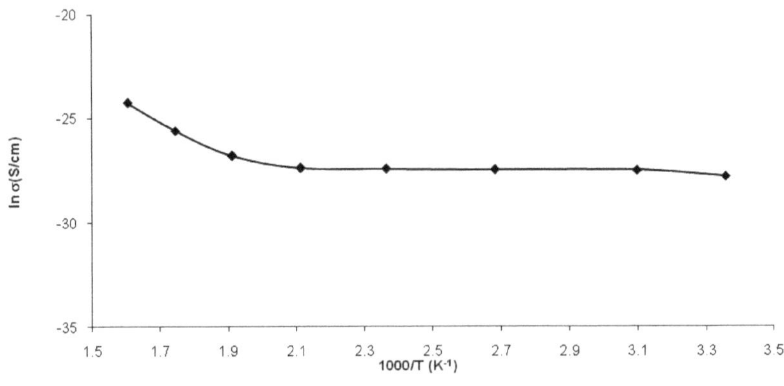

Fig. 7

Quadro 8

Variação da condutividade eléctrica com a temperatura da película espessa de ZnO modificada com CuO (15 min)

Tensão constante = 25

N.º Sr.	Temp. (T) K	Atual (I)A	Tensão (V)	R=V/I (Ω)	ρ =R*A/d (Ω cm)	σ =1/ ρ (1/ Ω cm)	1000/T (K^{-1})	Em σ
1	298	5.60E-10	25	4.46E+10	7.05E+12	1.42E-13	3.3557047	-29.584555
2	323	1.02E-09	25	2.45E+10	3.87E+12	2.58E-13	3.0959752	-28.984934
3	373	2.34E-09	25	1.07E+10	1.69E+12	5.92E-13	2.6809651	-28.154586
4	423	2.45E-09	25	1.02E+10	1.61E+12	6.20E-13	2.3640662	-28.108649
5	473	3.52E-09	25	7.10E+09	1.12E+12	8.91E-13	2.1141649	-27.746276
6	523	1.33E-08	25	1.88E+09	2.97E+11	3.37E-12	1.9120459	-26.416973

7	573	3.90E-08	25	6.41E+08	1.01E+11	9.87E-12	1.7452007	-25.341175
8	623	2.54E-07	25	9.84E+07	1.56E+10	6.43E-11	1.6051364	-23.467402

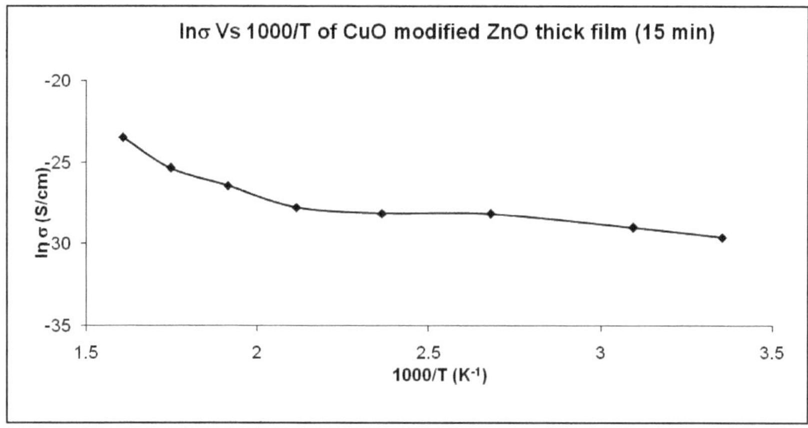

Fig. 8

4,7 CA Condutividade eléctrica

A variação da condutividade CA com a frequência de todas as películas espessas foi medida utilizando o medidor LCR da Agilent.

As tabelas 9, 10, 11 e 12 mostram a variação da condutividade com a frequência das películas espessas de ZnO, ZnO modificado com CuO (5 min), ZnO modificado com CuO (10 min) e ZnO modificado com CuO (15 min), respetivamente.

Fig. 9, 10, 11 e 12 apesar da variação de lnσ com a frequência das películas espessas de ZnO, ZnO modificado com CuO (5 min), ZnO modificado com CuO (10 min) e ZnO modificado com CuO (15 min), respetivamente.

Quadro 9

Variação da condutividade eléctrica com a frequência da película espessa de ZnO à temperatura ambiente

Temperatura =296 ,2 K

Área(A) =6.089 cm^2

Espessura(d) = 0,035cm

N.º Sr.	Frequência (Hz)	Resistência (W)	ρ =R*A/d (Ωcm)	σ =1/ ρ (1/ Ωcm)	Em σ
1	100	2.90E+06	5.05E+08	1.98E-09	-20.0391
2	200	1.30E+06	2.26E+08	4.42E-09	-19.2368
3	300	8.66E+05	1.51E+08	6.64E-09	-18.8305
4	400	6.36E+05	1.11E+08	9.04E-09	-18.5218
5	500	5.01E+05	8.72E+07	1.15E-08	-18.2833
6	600	4.15E+05	7.22E+07	1.39E-08	-18.0949
7	800	3.07E+05	5.34E+07	1.87E-08	-17.7935
8	1.00E+03	2.44E+05	4.24E+07	2.36E-08	-17.5638
9	2.00E+03	1.21E+05	2.10E+07	4.77E-08	-16.8591
10	3.00E+03	8.01E+04	1.39E+07	7.18E-08	-16.4499
11	4.00E+03	5.98E+04	1.04E+07	9.61E-08	-16.1577
12	5.00E+03	4.77E+04	8.30E+06	1.21E-07	-15.9316
13	6.00E+03	3.96E+04	6.89E+06	1.45E-07	-15.7455
14	8.00E+03	2.96E+04	5.15E+06	1.94E-07	-15.4544
15	1.00E+04	2.33E+04	4.05E+06	2.47E-07	-15.2151
16	2.00E+04	1.15E+04	2.00E+06	5.00E-07	-14.509

17	3.00E+04	7.62E+03	1.33E+06	7.54E-07	-14.0974
18	4.00E+04	5.68E+03	9.88E+05	1.01E-06	-13.8036
19	5.00E+04	4.56E+03	7.93E+05	1.26E-06	-13.584
20	6.00E+04	3.80E+03	6.61E+05	1.51E-06	-13.4016
21	8.00E+04	2.84E+03	4.94E+05	2.02E-06	-13.1105
22	1.00E+05	2.27E+03	3.95E+05	2.53E-06	-12.8864
23	2.00E+05	1.10E+03	1.91E+05	5.23E-06	-12.162
24	3.00E+05	734	1.28E+05	7.83E-06	-11.7574
25	4.00E+05	544	9.46E+04	1.06E-05	-11.4578
26	5.00E+05	431	7.50E+04	1.33E-05	-11.225
27	6.00E+05	356	6.19E+04	1.61E-05	-11.0338
28	8.00E+05	264.5	4.60E+04	2.17E-05	-10.7367
29	1.00E+06	209.7	3.65E+04	2.74E-05	-10.5046

Variação de lnσ com a frequência da película espessa de ZnO

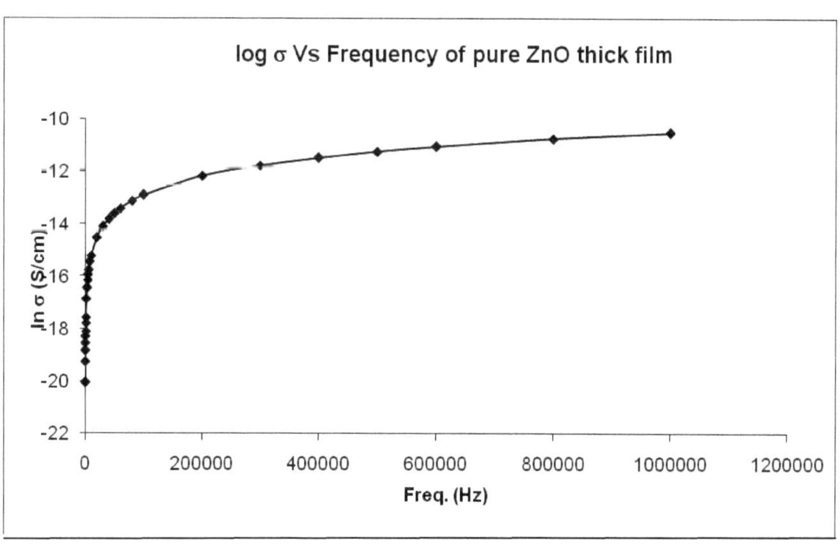

Fig. 9

Quadro 10

Variação da condutividade eléctrica com a frequência da película espessa de ZnO modificada com CuO (5 min) à temperatura ambiente

Temperatura = 293,2 K Área(A) = 6,088 cm^2 Espessura(d) = 0,035cm

N.º Sr.	Frequência (Hz)	Resistência (W)	ρ =R*A/d (Ωcm)	σ =1/ ρ (1/ Ωcm)	Em σ
1	100	2.70E+06	4.70E+08	2.13E-09	-19.9675
2	200	1.29E+06	2.24E+08	4.46E-09	-19.2289
3	300	8.42E+05	1.46E+08	6.83E-09	-18.8023
4	400	6.19E+05	1.08E+08	9.29E-09	-18.4946
5	500	4.90E+05	8.52E+07	1.17E-08	-18.2609
6	600	4.06E+05	7.06E+07	1.42E-08	-18.0728
7	800	3.02E+05	5.25E+07	1.90E-08	-17.7769
8	1.00E+03	2.40E+05	4.17E+07	2.40E-08	-17.5471
9	2.00E+03	1.19E+05	2.07E+07	4.83E-08	-16.8456
10	3.00E+03	7.90E+04	1.37E+07	7.28E-08	-16.4359
11	4.00E+03	5.90E+04	1.03E+07	9.74E-08	-16.144
12	5.00E+03	4.60E+04	8.00E+06	1.25E-07	-15.8951
13	6.00E+03	3.88E+04	6.75E+06	1.48E-07	-15.7249
14	8.00E+03	2.89E+04	5.03E+06	1.99E-07	-15.4303
15	1.00E+04	2.30E+04	4.00E+06	2.50E-07	-15.202
16	2.00E+04	1.13E+04	1.97E+06	5.08E-07	-14.4922
17	3.00E+04	7.49E+03	1.30E+06	7.68E-07	-14.0801

18	4.00E+04	5.60E+03	9.74E+05	1.03E-06	-13.7892
19	5.00E+04	4.48E+03	7.79E+05	1.28E-06	-13.5661
20	6.00E+04	3.73E+03	6.49E+05	1.54E-06	-13.3829
21	8.00E+04	2.80E+03	4.87E+05	2.05E-06	-13.0961
22	1.00E+05	2.23E+03	3.88E+05	2.58E-06	-12.8685
23	2.00E+05	1.11E+03	1.93E+05	5.18E-06	-12.1708
24	3.00E+05	793	1.38E+05	7.25E-06	-11.8346
25	4.00E+05	552	9.60E+04	1.04E-05	-11.4723
26	5.00E+05	441	7.67E+04	1.30E-05	-11.2478
27	6.00E+05	368	6.40E+04	1.56E-05	-11.0668
28	8.00E+05	278.4	4.84E+04	2.07E-05	-10.7878
29	1.00E+06	223.7	3.89E+04	2.57E-05	-10.569

Variação de lnσ com a frequência da película espessa de ZnO modificada com CuO (5 min)

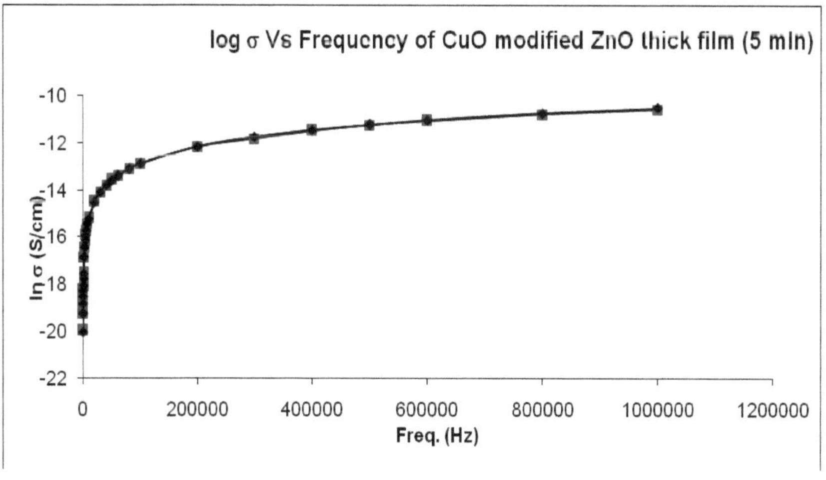

Fig. 10

Quadro 11

Variação da condutividade eléctrica com a frequência da película espessa de ZnO modificada com CuO (10 min) à temperatura ambiente

Temperatura =295 K Área(A) =5.53 cm^2

Espessura(d) = 0,035cm

N.º Sr.	Frequência (Hz)	Resistência (W)	ρ =R*A/d (Ωcm)	σ =1/ ρ (1/ Ωcm)	Em σ
1	100	2.60E+06	4.11E+08	2.43E-09	-19.8336
2	200	1.29E+06	2.04E+08	4.91E-09	-19.1327
3	300	8.18E+05	1.29E+08	7.74E-09	-18.6772
4	400	6.08E+05	9.61E+07	1.04E-08	-18.3805
5	500	4.81E+05	7.60E+07	1.32E-08	-18.1462
6	600	3.98E+05	6.29E+07	1.59E-08	-17.9568
7	800	2.95E+05	4.66E+07	2.15E-08	-17.6573
8	1.00E+03	2.36E+05	3.73E+07	2.68E-08	-17.4342
9	2.00E+03	1.18E+05	1.86E+07	5.38E-08	-16.7376
10	3.00E+03	7.85E+04	1.24E+07	8.06E-08	-16.3334
11	4.00E+03	5.90E+04	9.32E+06	1.07E-07	-16.0479
12	5.00E+03	4.70E+04	7.43E+06	1.35E-07	-15.8205
13	6.00E+03	3.94E+04	6.23E+06	1.61E-07	-15.6441
14	8.00E+03	2.95E+04	4.66E+06	2.15E-07	-15.3547
15	1.00E+04	2.35E+04	3.71E+06	2.69E-07	-15.1274
16	2.00E+04	1.17E+04	1.85E+06	5.41E-07	-14.4299
17	3.00E+04	7.76E+03	1.23E+06	8.16E-07	-14.0193

18	4.00E+04	5.80E+03	9.16E+05	1.09E-06	-13.7282
19	5.00E+04	4.64E+03	7.33E+05	1.36E-06	-13.5051
20	6.00E+04	3.86E+03	6.10E+05	1.64E-06	-13.321
21	8.00E+04	2.89E+03	4.57E+05	2.19E-06	-13.0316
22	1.00E+05	2.30E+03	3.63E+05	2.75E-06	-12.8033
23	2.00E+05	1.13E+03	1.79E+05	5.60E-06	-12.0926
24	3.00E+05	755	1.19E+05	8.38E-06	-11.6893
25	4.00E+05	563	8.90E+04	1.12E-05	-11.3959
26	5.00E+05	449	7.09E+04	1.41E-05	-11.1696
27	6.00E+05	374	5.91E+04	1.69E-05	-10.9869
28	8.00E+05	282.2	4.46E+04	2.24E-05	-10.7052
29	1.00E+06	226.5	3.58E+04	2.79E-05	-10.4853

Variação de lnσ com a frequência da película espessa de ZnO modificada com CuO (10 min)

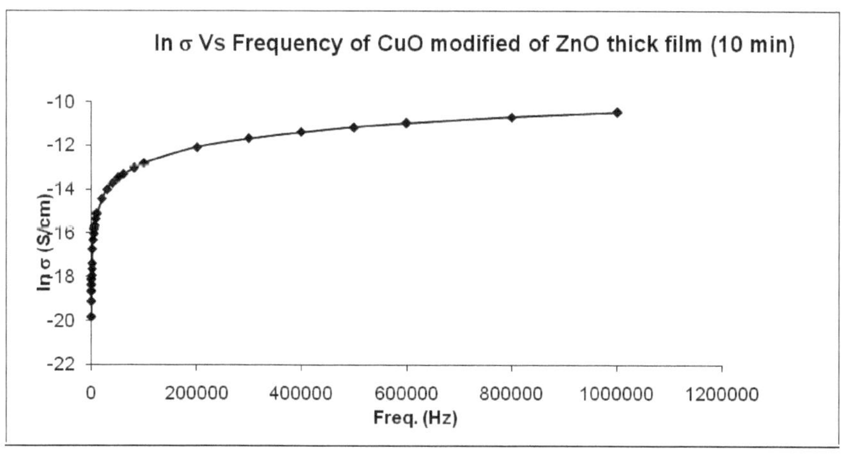

Fig. 11

Quadro 12

Variação da condutividade eléctrica com a frequência da película espessa de ZnO modificada com CuO (15 min) à temperatura ambiente

Temperatura =296K Área(A) =5.53 cm^2

Espessura(d) = 0,035cm

N.º Sr.	Frequência (Hz)	Resistência (W)	ρ =R*A/d (Ωcm)	σ =1/ ρ (1/ Ωcm)	Em σ
1	100	3.80E+06	6.00E+08	1.67E-09	-20.2131
2	200	1.57E+06	2.48E+08	4.03E-09	-19.3292
3	300	9.61E+05	1.52E+08	6.59E-09	-18.8383
4	400	6.80E+05	1.07E+08	9.31E-09	-18.4924
5	500	5.24E+05	8.28E+07	1.21E-08	-18.2318
6	600	4.72E+05	7.46E+07	1.34E-08	-18.1273
7	800	3.11E+05	4.91E+07	2.04E-08	-17.7101
8	1.00E+03	2.44E+05	3.86E+07	2.59E-08	-17.4675
9	2.00E+03	1.18E+05	1.86E+07	5.36E-08	-16.741
10	3.00E+03	7.77E+04	1.23E+07	8.15E-08	-16.3232
11	4.00E+03	5.78E+04	9.13E+06	1.10E-07	-16.0273
12	5.00E+03	4.60E+04	7.27E+06	1.38E-07	-15.799
13	6.00E+03	3.81E+04	6.02E+06	1.66E-07	-15.6106
14	8.00E+03	2.84E+04	4.49E+06	2.23E-07	-15.3167
15	1.00E+04	2.26E+04	3.57E+06	2.80E-07	-15.0883
16	2.00E+04	1.11E+04	1.76E+06	5.70E-07	-14.3782
17	3.00E+04	7.36E+03	1.16E+06	8.60E-07	-13.9664

18	4.00E+04	5.50E+03	8.69E+05	1.15E-06	-13.6751
19	5.00E+04	4.40E+03	6.95E+05	1.44E-06	-13.452
20	6.00E+04	3.65E+03	5.77E+05	1.73E-06	-13.2651
21	8.00E+04	2.74E+03	4.33E+05	2.31E-06	-12.9783
22	1.00E+05	2.18E+03	3.44E+05	2.90E-06	-12.7497
23	2.00E+05	1.07E+03	1.69E+05	5.92E-06	-12.038
24	3.00E+05	714.8	1.13E+05	8.85E-06	-11.6346
25	4.00E+05	533	8.42E+04	1.19E-05	-11.3411
26	5.00E+05	426.7	6.74E+04	1.48E-05	-11.1187
27	6.00E+05	355.4	5.62E+04	1.78E-05	-10.9358
28	8.00E+05	267.9	4.23E+04	2.36E-05	-10.6532
29	1.00E+06	215	3.40E+04	2.94E-05	-10.4332

Variação de lnσ com a frequência da película espessa de ZnO modificada com CuO (15 min)

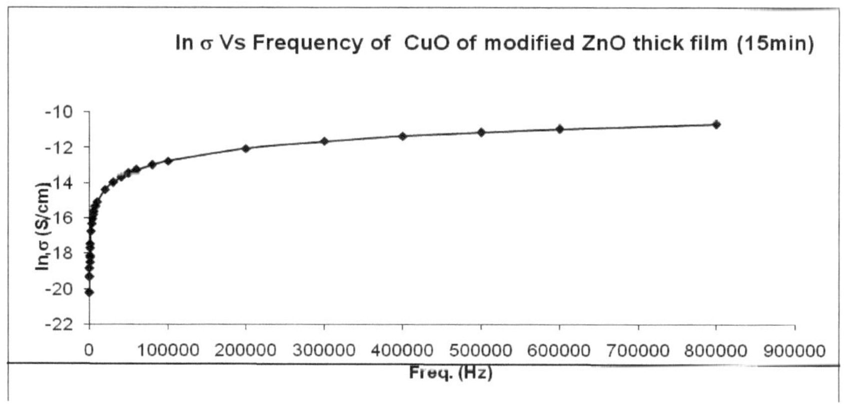

Fig. 12

CAPÍTULO 5

CONCLUSÃO

5.1 Padrão de difração de raios X

O padrão de raios X obtido do ZnO sintetizado foi comparado com os dados JCPDS (cartão n.º 05-0664).

A estrutura cristalina das amostras foi determinada por um método de ajuste de mínimos quadrados utilizando o programa CLELN e a comparação do valor 'd' com os valores JCPDS. Verificou-se que o óxido de zinco tem uma estrutura de wuartzite com simetria hexagonal.

O tamanho das partículas foi determinado a partir do alargamento das linhas de difração corrigido para o alargamento instrumental, utilizando a equação de Scherre [45]. O tamanho médio das partículas de nano ZnO foi de ~ 40-45 nm.

5.2 Microscopia eletrónica de varrimento

A morfologia e a estrutura da superfície foram observadas por SEM. A partir da imagem, observa-se que as partículas de ZnO têm uma estrutura tipo estrela agregada.

5.3 Caraterísticas V-I

As caraterísticas V-I do ZnO puro e do ZnO modificado com CuO foram estudadas à temperatura ambiente. A Fig.5.3.1 representa as caraterísticas V-I do ZnO, do ZnO modificado com CuO (5 min), do ZnO modificado com CuO (10 min) e do ZnO modificado com CuO (15 min). Verifica-se que a variação da corrente com a tensão aplicada é de natureza linear para todas as películas espessas. A natureza linear das caraterísticas V-I de todas as películas espessas indica a natureza óhmica dos contactos de prata. [37]

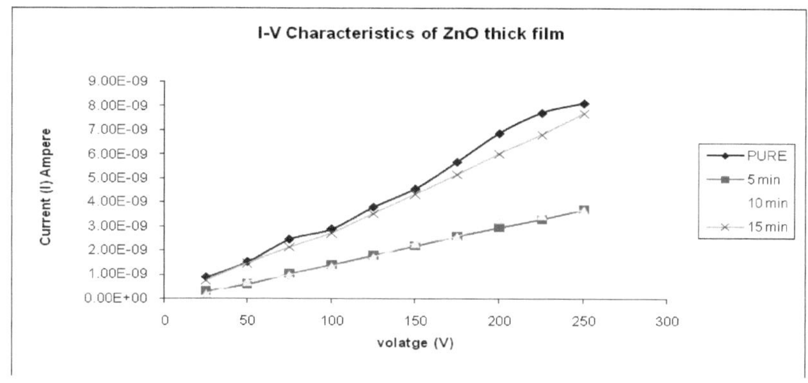

Fig.5.3.1: Caraterísticas V-I das películas espessas de ZnO&CuO modificadas.

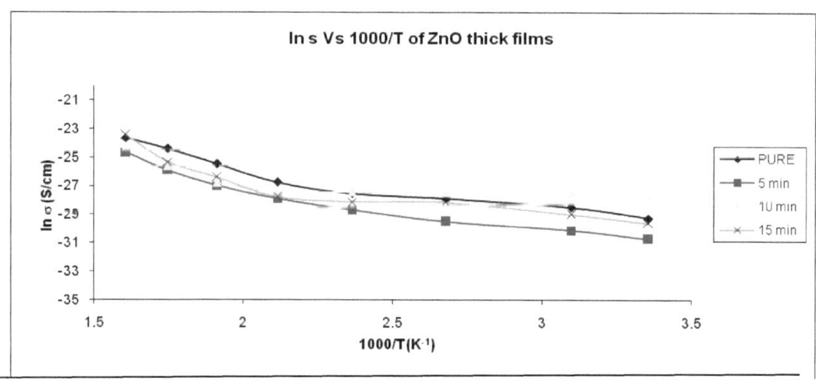

Fig.5.3.2: ln σ Vs 1000/T

A Fig.5.3.2 mostra a variação do log (condutividade) com a temperatura das películas espessas de ZnO, ZnO modificado com CuO (5 min), ZnO modificado com CuO (10 min) e ZnO modificado com CuO (15 min). O gráfico entre ln σ Vs 1000/T tem um carácter linear, o que indica que a condutividade varia exponencialmente com a temperatura.

A natureza semicondutora do ZnO é observada através da medição da condutividade com a temperatura. O aumento da condutividade do ZnO com a temperatura pode dever-se a uma grande deficiência de oxigénio, que pode adsorver espécies de oxigénio a temperaturas mais elevadas. Os fenómenos de adsorção da superfície da película espessa de ZnO modificada com CuO seriam diferentes da superfície da película espessa de ZnO puro. Os desvios de CuO na superfície são os locais onde as espécies de oxigénio se adsorvem. Os desajustes de CuO distribuídos uniformemente na superfície teriam possibilitado a adsorção dos iões de oxigénio mesmo a baixa temperatura[37]. É evidente que a condutividade das películas de ZnO puro e modificado com CuO aumenta com o aumento da temperatura, indicando um coeficiente de temperatura positivo da condutância. Este comportamento confirmou a natureza semicondutora do ZnO puro e modificado.

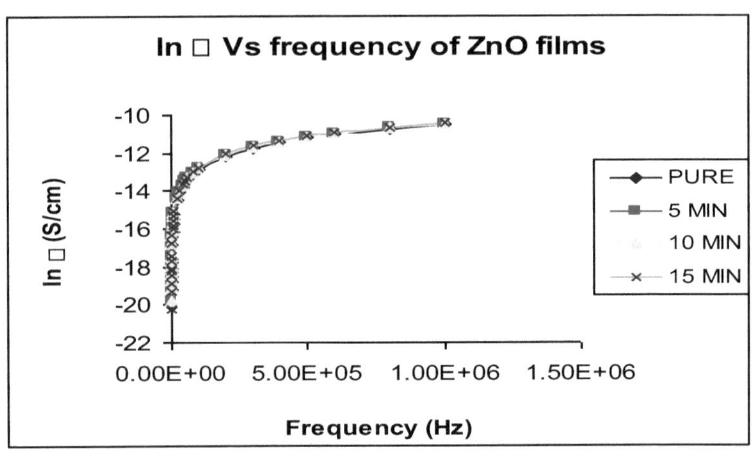

Fig.5.3.3: Variação da condutividade com a frequência.

Observa-se na fig. 5.3.2 que a condutividade eléctrica das películas de ZnO puro foi superior à das películas de ZnO modificado no ar ambiente. Isto pode dever-se à barreira de potencial intergranular[53] O ZnO puro tem apenas um tipo de grãos dispostos uniformemente, enquanto que no caso das películas modificadas com CuO os grãos são de diferentes naturezas, como CuO e ZnO. A modificação provoca a formação de limites heterogéneos entre os grãos de CuO-ZnO. Assim, o aumento da altura das barreiras nas regiões intergranulares do ZnO ativado pode ser responsável pela diminuição da condutividade.

A condutividade AC das películas espessas modificadas de ZnO e CuO foi medida na gama de frequências de 100Hz a 1MHz à temperatura ambiente. Os dados experimentais revelam que a condutividade ac aumenta com a frequência (fig.5.3.3). A variação da condutividade AC com a frequência pode ser explicada com a ajuda do modo de salto de barreira.

Referências

[1] T. Seiyama, A. Kato, K. Fujiishi, M. Nagatani, Um novo detetor de componentes gasosos utilizando filmes finos semicondutores, Anal. Chem. 34 (1962) 1502 - 1503.

[2] N. Yamazoe, G. Sakai, K. Shimmanoe, Oxide semiconductor gas sensor, Catal. Surveys Asia 1 (2003) 63 - 75.

[3] V. S. Kalyamwar, S. D. Charpe, P.D. Shirbhate, R. B. Pedhekar, Synthesis and Characterization of Zno Nanostructure by Hydrothermal Method, Tuijin Jishu/Journal of Propulsion Technology, 44 (5) (2023) 4841 - 4846.

[4] D. Rosenfeld, P. E. Schmid, S. Szeles, F. Levy, V. Demarne, A. Grisel, Electrical transport properties of thin-film metal-oxide-metal Nb2O5 oxygen sensors, Sensors and Actuators B: Chemical, 37 (1-2) (1996) 83-89.

[5] R. B. Pedhekar, F. C. Raghuwanshi, Semicondutor de óxido de metal misto nanocristalino sintetizado pelo método hidrotérmico, Revista internacional de pesquisa pura e aplicada em engenharia e tecnologia. 3(9) (2015) 30-38.

[6] M. Girtan, B. Negulescu, A review on oxide/metal/oxide thin films on flexible substrates as electrodes for organic and perovskite solar cells, Optical Materials: X, 13 (2022) 100122.

[7] Z. W. Pan, Z. R. Dai e Z. L. Wang, Nanobelts of Semiconducting Oxides, Science, 291 (5510) (2001) 1947-1949.

[8] D. M. Bagnall, Y. Chen, Z. Zhu, Optically Pumped Lasing of ZnO at Room Temperature, Applied Physics Letters, 70 (17) (1997) 2230-2242.

[9] Y. Gyu-Chul, W. Chunrui, P. Won, ZnOnanorods: síntese, caraterização e aplicações, Semicond. Sci. Technol, 20 (2005) 22- 34.

[10] Z. Qiuxiang, Y. Ke, B. Wei, W. Qingyan, X. Feng, Z. Ziqiang, D. Ning, S. Yan, Síntese, propriedades ópticas e de emissão de campo de três nanoestruturas diferentes de ZnO, Materials Letters, 61 (2007) 3890-3899.

[11] L.Yuzhen, G. Lin, X. Huibin, D. Lu, Y. Chunlei, W. Jiannong, G. Weikun, Y. Shihe, W. Ziyu, Síntese a baixa temperatura e propriedades ópticas de ZnOnanorods de pequeno diâmetro, J. Appl. Phys., 99 (2006) 114302.

[12] A. Hachigo, H. Nakahata, K. Higaki, S. Fujii, S. I. Shikata, Heteroepitaxial growth of ZnO films on diamond (111) plane by magnetron sputtering, Appl. Phys. Lett, 65 (1994) 114302.

[13] H. Morkoc, S. Strite, G. B. Gao, M. E. Lin, B. Sverdlov, M. Burns, Large-band-gap SIC, Ill-V nitride, and II-VIZnSe-based semiconductor device technologies, J.Appl. Phys., 76 (1994) 1363.

[14] L. Spanhel, M. A. Anderson, Semiconductor Clusters in the Sol-Gel Process: Quantized Aggregation, Gelation, and Crystal Growth in Concentrated ZnO Colloids, J.Am. Chem. Soc., 113 (1991) 2826.

[15] D. M. Bagnall, Y. F. Chen, M. Y. Shen, Z. Zhu, T. Goto, T. Yao, Room temperature excitonic stimulated emission from zinc oxide epilayers grown by plasma-assisted MBE, J.Cryst. Growth, 184 (1998) 605.

[16] Q. P. Zhong E. Matijevic, Preparation of uniform zinc oxide colloids by controlled double-jet precipitation, J.Mater. Chem, 3 (1996) 605-612.

[17] W. Lingna, M. Mamoun, Synthesis of zinc oxide nanoparticles with controlled morphology, J. Mater.Chem, 9 (1999) 605-614.

[18] D. W. Bahnemann, C. Kormann, M. R. Hoffmann, Preparation and Characterization of Quantum Size Zinc Oxide:A Detailed Spectroscopic Study, J. Phys. Chem., 91 (1987) 3789-3798.

[19] Z. Hui, Y. Deren, M. Xiangyang, J. Yujie, X. Jin, Q. Duanlin, Synthesis of flower-like ZnO nanostructures by an organic-free hydrothermal process, Nanotechnology. 15 (2004) 622- 631.

[20] J. Zhang, L. D. Sun, J. L. Yin, H. L. Su, C. S. Liao, C. H. Yan, Control of ZnO Morphology via a Simple Solution Route, Chem. Mater, 14 (2002) 4172- 4180.

[21] W. J. Li, E. W. Shi, Y. Q. Zheng, Z. W. Yin, Preparação hidrotérmica de pós nanométricos de ZnO, J. Mater. Sci.Lett. , 20 (2001) 4172 - 4181.

[22] C. Y. Lee, T. Y. Tseng, S. y. Li, p. Lin, Effect of phosphorus dopant on photoluminescence and field-emission characteristics of Mg0.1Zn0.9O nanowires, J. Appl. Phys., 99 (2006) 024303.

[23].Y. Patil, R. B. Pedhekar, Sawraj Patil, Swapnil Kosalge, F. C. Raghuwanshi, Chemically Synthesized ZnO and Cd-ZnO thick films as Ethanol Sensor, IOP Conf. Ser.: Ciência e Engenharia de Materiais. 1126 (2021) 012046

[24]. J. Kieffer, J. B. Wagner Jr, Condutividade eléctrica de compósitos de óxido de metal-metal, . j. Electrochem. Soc. 135 (1988) 198

[25]. F. Hong, B. Yue, N. Hiraoet , Melhoria significativa na condutividade eléctrica do óxido de metal de transição Mn2O3 através de alta pressão, Sci. Rep., 7 (2017) 44078.

[26]. B. Thomas, A. Khadar, Dielectric properties of nano-particles of zinc sulphide, Pramana J, Phys., 45(5) (1995) 431- 438.

[27] T. Vossmeyer, L. Katsikas, M. Giersig, I. G. Popovic, K. Diesner, A. Chemseddine, A. Eychmüller, H . Weller, Chemical Aspects of Semiconductor Nanocrystals, J. Phy. Chem. (1994) 98.

[28]. D. Louër, J. P. Auffrédic, J. I. Langford, D. Ciosmak, J. C. Niepce, A precise determination of the shape, size and distribution of size of crystallites in zinc oxide by X-ray line-broadening analysis, J. Appl. Cryst., 16 (1983) 183-191.

[29]. P. J. Grundy, G. A. Jones, Electron Microscopy in Study of Materials, Edwar Arnold, Londres (1976)

[30]. Ross Mac Donald J (Ed), Impedance Spectroscopy, Emphasizing Solid Materials and Systems, Wiley & Sons, New York (1987)

[31] S. Komarneni, Nanophase materials. In *McGraw-Hill Yearbook of Science and Technology*, McGraw-Hill, Nova Iorque, (1995) 285-288.

[32] Y. Patil, R. B. Pedhekar, Sawraj Patil, F. C. Raghuwanshi, Thick film gas sensors made from Mn doped zinc oxide nanaorods for H_2 S gas, Materials Today : Proceedings, 28 (2020) 1865 - 1871.

[33] H. Toraya, M. Yoshimura, S. Somiya, The effect of copper oxide on sintering, microstructure, mechanical properties and hydrothermal ageing of coated 2.5Y-TZP ceramics, J. Amer. Ceram. Soc. 67 (1984) 172-183.

[34] R. B. Pedhekar, F. C. Raghuwanshi e V. D. Kapse, Desempenho de deteção de gás de petróleo líquido aprimorado pela modificação de CuO de ZnO-TiO2 nanocristalino, Ciência dos Materiais - Polônia. 34(3) (2016) 571-581.

[35] E. P. Stambaugh, J. P. Miller, In Proceedings of the First Intrnational Symposium on Hydrothermal Reactions, GakujutsuBunkenFukyu-Kai,Tokyo, (1982) 859-872.

[36] NinaObradovic, N. Mitrovic, V. Pavlovic, Propriedades estruturais e eléctricas de cerâmicas de zinco-titanato sinterizadas, Ceramics International, 35 (2009) 35-37.

[37] R. B. Pedhekar, F. C. Raghuwanshi, G. N. Raut, Síntese hidrotérmica de nanopartículas de ZnO e estudo do efeito da dopagem na condutividade elétrica de filmes espessos de ZnO, Revista internacional de pesquisa pura e aplicada em engenharia e tecnologia. 2(9) (2014) 127-135.

[38] C. Xu, J. Tamaki,N. Miura, N. Yamazoe, Grain size effect on gas sensitivity of porous SnO_2 - based elements, Sensors and Actuators B 3 (1991)147 - 155.

[39] J. H. Yu, G. M. Choi, Electrical and CO gas sensing properties of ZnO - SnO_2 composites, Sensors and Actuators B, 52 (1998) 251 - 256.

[40] Zhen Zhou, K. Kato, T. Komaki, M. Yoshino, H. Yukawa, M. Morinaga, K. Morita, Effect of dopants and hydrogen on the electrical conductivity of ZnO, European Ceramic Society 24 (2004) 139 -146.

[41]P.P.Sahay, S.Tawari, R.K.Nath, S.Jha, and M.Shamsuddin Springer, part of springer+Business media, LLC (2008)

[42] Masuo Nakagawa e Mitsudo (1998) Surface science letters, volume 175, número 1, (1986) 505.

[43] E. Vistorator, S.Sakkopoulos, Ch.Anestis, J. Spiliotopoulus, K.Govender, D.S.Boyle e P.O.Brien Springer, parte de springer+Business media, Ionics 11, (2005).259.

[44] M. Mabrook, P. Hawkins, A rapidly-responding sensor for benzene, methanol and ethanol vapors based on films of titanium dioxide dispersed in a polymer operating at room temperature, Sens. Actuators B 75 (2001) 197-202.

[45] V. S. Kalyamwar, S. D. Charpe, S. S. Kawar, R. B. Pedhekar, P.D. Shirbhate, Effect of Zinc Nitrate on Morphology and Particle Size of Nano-sized Zinc Oxide, Tuijin Jishu/Journal of Propulsion Technology, 44 (5) (2023) 4835 - 4840.

Dr. R. B. Pedhekar

Ph.D., M. Phil, M. Sc, B. Ed., LL. B.

Diretor do Departamento de Física,

Mahatma Jyotiba Fule Commerce, Science & V. Raut Arts College,

hatkuli, Dist. Amravati (MS), Índia - 444 602

EXPERIÊNCIA DE ENSINO: 24 anos

Supervisor de Investigação, Universidade Sant Gadge Baba Amravati, Amravati, Índia

N.º de alunos registados: 03

ARTIGO PUBLICADO: 23

Referred International Journal: - **11**

Conferência Internacional/Nacional: - **12**

COMUNICAÇÕES/PÔSTERES APRESENTADOS: 19

Conferência Internacional:- 12

Conferência Nacional:- 07

CONFERÊNCIAS REALIZADAS: 15

Conferência Internacional:- 08

Conferência Nacional:- 07

LIVRO/CAPÍTULO DE LIVRO PUBLICADO: 03

<table>
<tr><td></td><td>Dr. A. P. Shelorkar
Doutoramento, Mestrado em Engenharia Civil (Estrutura), Licenciatura em Engenharia Civil
Professor Associado
Departamento de Engenharia Civil
Faculdade de Engenharia KBT da MVPS, Nashik
EXPERIÊNCIA DE ENSINO: 25 anos
Supervisor de investigação, Universidade de Pune, Pune, Índia</td></tr>
<tr><td colspan="2">EXPERIÊNCIA DE ENSINO: 25 anos
Supervisor de investigação, Universidade de Pune, Pune, Índia
Nº de alunos registados:
ARTIGO PUBLICADO:
Referred International Journal: - 21
Conferência Internacional/Nacional: - 19
COMUNICAÇÃO/PÔSTER APRESENTADO:
Conferência Internacional:- 04
CONFERÊNCIAS REALIZADAS:
Conferência Internacional:- 02
LIVRO/CAPÍTULO DE LIVRO PUBLICADO: 04</td></tr>
</table>

Printed by Books on Demand GmbH, Norderstedt / Germany